LES EAUX

DE

TRIE-CHATEAU

(OISE)

*Réimpression d'une Brochure publiée à Amsterdam
en 1779*

OUVRAGE PRÉCÉDÉ D'UN AVANT-PROPOS

D'UNE NOTICE BIOGRAPHIQUE SUR M. PELLEVILAIN

ACCOMPAGNÉ DE NOTES

D'UNE PIÈCE JUSTIFICATIVE

Et orné du Plan de concession des Eaux en 1778

PAR

ALFRED FITAN

Membre de plusieurs Sociétés savantes

PARIS

Vve A. MOREL et Cie, Éditeurs

13. Rue Bonaparte. 13

1880

LES EAUX

DE

TRIE - CHATEAU

(OISE)

LES EAUX

DE

TRIE-CHATEAU

(OISE)

*Réimpression d'une Brochure publiée à Amsterdam
en 1779*

OUVRAGE PRÉCÉDÉ D'UN AVANT-PROPOS

D'UNE NOTICE BIOGRAPHIQUE SUR M. PELLEVILAIN

ACCOMPAGNÉ DE NOTES

D'UNE PIÈCE JUSTIFICATIVE

Et orné du Plan de concession des Eaux en 1778

PAR

ALFRED FITAN

Membre de plusieurs Sociétés savantes

PARIS

Vᵉ A. MOREL et Cie, Éditeurs

13, Rue Bonaparte, 13

—

1880

AVANT-PROPOS

———✦———

L'année dernière, j'avais l'intention de faire paraître une réimpression d'un petit opuscule sur l'*Analyse des Eaux de Trye-le-Château* [1], publié à Amsterdam, en 1779. Un douloureux événement m'a forcé d'ajourner la réalisation de ce projet.

Aujourd'hui, quoique le centenaire de la publication soit passé, et que mon travail perde ainsi un attrait qu'eussent goûté les bibliophiles, je suis décidé à vulgariser la petite plaquette devenue une véritable curiosité bibliographique.

C'est évidemment le premier document imprimé

[1] La véritable orthographe est *Trie-Château* et non Trye-le-Château ; je parlerai longuement de l'orthographe de ce nom dans mon histoire de cette commune.

concernant Trie-Château. Quoique conçue, par son auteur, M. Pellevilain [1], dans un but unique de spéculation, l'analyse des Eaux de Trie ne laisse pas que d'être très intéressante, tant par la notice historique qui la précède et montre le bourg de Trie au xviiie siècle, que par le résumé des expériences analytiques faites par Fourcy sous les yeux de Raulin, médecin ordinaire du roi Louis XVI.

Les habitants de Trie et des villages circonvoisins y trouveront certainement quelques pages d'histoire locale, et les chimistes seront heureux d'y rencontrer les curieux moyens d'analyse employés par les savants du siècle dernier.

Peut-être me reprochera-t-on de n'avoir pas mis, en regard des travaux de Fourcy et de Raulin, quelques notes empruntées à la science moderne, et de ne pas donner une nouvelle analyse des eaux des fontaines de Bourbon et de Conti. Ce dernier travail est aujourd'hui inutile, des infiltrations, provenant de la rivière de

[1] Pellevilain écrit son nom de deux manières : Pellevilain ou Pelvilain ; j'adopte l'orthographe des actes de l'État civil.

Troëne, s'étant produites dans la fontaine de Conti, et celle de Bourbon ayant reçu, depuis un siècle, de légères modifications, on ne saurait raisonnablement faire une comparaison et un rapprochement sérieux.

J'espère que mes concitoyens reconnaîtront les efforts que je fais pour sauver de la destruction ou de l'oubli tout ce qui intéresse Trie-Château ; car c'est dans ce seul but que je livre à la réimpression une brochure qui n'aurait pu être publiée *in extenso* dans l'histoire que je prépare sur notre charmante localité.

Trie-Château, le 1er septembre 1880.

ALFRED FITAN.

NOTICE BIOGRAPHIQUE

SUR

M. PELLEVILAIN

CONCESSIONNAIRE DES EAUX DE TRIE-CHATEAU

ELLEVILAIN (Nicolas-Henry-Noël) naquit à
Trie-Château, le 25 décembre 1736. Ses
parents étaient établis marchands en ce vil-
lage et jouissaient d'une certaine aisance ; ils firent
donner à leur fils Nicolas une instruction qui lui
permit d'occuper le poste de contrôleur des fermes
royales. C'est dans cet emploi que nous le trouvons,
en 1778, habitant à Paris, rue Saint-Antoine.

Devait-il cette position au puissant et bienveillant
prince de Conti ? [1] Nous n'oserions l'affirmer ; mais
ce que nous pouvons écrire : c'est que le seigneur de
Trie portait un grand intérêt à Nicolas Pellevilain,
puisqu'il lui fit donation, le 12 octobre 1778, par-
devant les conseillers du roi, notaires au Châtelet de
Paris, des emplacements et eaux des deux fontaines [2]
de Bourbon et de Conti.

---

[1] Conti (Louis-François-Joseph de Bourbon, prince de) naquit en 1734. Il
assista aux batailles d'Hastenbeck, 1757, et de Crevelt, 1758. Il se défit, en 1776,
de sa galerie de peinture, une des plus belles de l'Europe, et en 1783 il vendit le
château de Trie, qu'il avait hérité de son père, à Monsieur, Cᵗᵉ de Provence.

Prince humain et généreux, il n'émigra pas lors de la Révolution ; mais il fut
exilé au 18 fructidor et mourut à Barcelone, en 1814. En lui s'éteignit la maison
de Bourbon-Conti.

[2] Voir la pièce justificative, page 31.

La brochure dit que les vertus de ces eaux minérales étaient connues des pays circonvoisins. M. Pellevilain voulut encore les répandre davantage et c'est fort probablement ce désir qui le porta à en demander la propriété au prince de Conti, qui accueillit favorablement, ainsi qu'on l'a vu plus haut, la requête de son vassal. M. Pellevilain, grâce à son activité et à son intelligence, donna vite un certain développement à son entreprise, laquelle était déjà florissante lorsque éclata la Révolution de 1789. Avec des événements politiques aussi considérables que ceux qui s'accomplirent alors, les établissements balnéaires furent abandonnés et les eaux thermales de Trie subirent le sort commun ; elles ne devaient pas, hélas ! se relever de cet abandon et aujourd'hui elles sont à peu près complétement oubliées.

M. Pellevilain cessa donc forcément l'exploitation des fontaines de Trie pour s'associer au mouvement politique. Nous le trouvons signant tous les actes de cette époque : la fermeture de l'église, la démolition du château, la destruction des titres de la féodalité, etc., etc., etc.... et assistant à toutes les fêtes que donnait la Commune à l'annonce d'une victoire, à la signature d'un traité de paix ou à l'anniversaire d'un événement heureux, etc...

Lors de l'inauguration du culte à la déesse Raison, dans la ci-devant église de Trie, comme on disait alors, M. Pellevilain prononça un discours dont l'insertion fut votée au registre des délibérations du Conseil général des deux Trie. C'est grâce au vœu émis par cette assemblée, lors de cette solennité, que nous pouvons publier aujourd'hui un discours qui permet d'apprécier son auteur ainsi que des événements déjà lointains. [1]

(1) Extrait du registre des délibérations du Conseil général de la commune des deux Trie :

20 Ventôse, an II (10 Mars 1794).

« Le Conseil général des deux Trie réuni en la maison commune, a arrêté : que tous les corps constitués se transporteraient ce jourd'hui en la ci-devant église de Trie-sur-Troësne, à l'occasion de l'inauguration du Temple de la Raison.

» A trois heures de relevée, tous les corps et autorités constitués, réunis en la maison communale, la garde nationale en armes, et le Juge de paix, on s'est transporté en la ci-devant église de Trie, au sujet de l'inauguration du Temple de la Raison.

» Le Conseil général en écharpe et ayant la présidence. Le citoyen Pellevilain a prononcé un discours sur l'inauguration du Temple de la Raison, et le Conseil général a arrêté qu'il serait inscrit au registre des délibérations de cette commune. »

Suit la teneur du discours :

CITOYENS,

Un culte à la Raison nous rassemble dans ce moment, l'Égalité nous y a conduits et la Liberté doit nous y maintenir. Demandons à l'Être Suprême qu'il exauce nos vœux et ne nous permette jamais d'outrager la Raison. D'Elle dépend notre bonheur. Oui, dès l'instant que nous prendrons la Raison pour guide, nous serons tous des frères, nous ne formerons plus qu'une même famille, loin de nous ceux qui n'adopteront pas ce grand principe. Ces hommes cesseront d'être des citoyens, ils ne seront plus que des perturbateurs du repos public ou des traitres qui chercheront à faire écrouler le grand bienfait de la Constitution.

C'est toujours avec peine que l'on voit nos sociétés

M. Pellevilain fit longtemps partie de nos assemblées municipales, nommé adjoint, en 1796, il occupa ce

troublées par des cris et par des propos peu mesurés ; appelons à nous la Raison, bientôt la paix renaîtra et nos sociétés deviendront aussi paisibles, aussi agréables qu'elles deviennent souvent tumultueuses.

Que le flambeau de la Raison nous éclaire sans cesse, il ne suffit pas qu'il brille seulement ici, il faut qu'il éclaire également les corps constitués, que la passion ne dirige aucun de ses membres, que chacun s'instruise et se pénètre bien des sujets mis en délibération avant de porter son jugement, et nous jouirons d'une paix intérieure qui deviendrait bientôt funeste à nos ennemis.

D'abord nous avions adopté, avec l'enthousiasme dont tout homme libre est pénétré, la Liberté : mais nous nous sommes aperçus que sans l'Égalité il ne pouvait y avoir de Liberté, aussi la Constitution ou plutôt nos législateurs ont-ils placé l'Égalité avant la Liberté.

Nous sommes tous égaux, il n'y a aucune prééminence parmi nous, point de place de prédilection. Toutes ces grandeurs qui avilissaient la majorité du peuple ont disparu à l'apparition pleine de majesté de la Liberté et de l'Égalité. Je viens de dire qu'il n'y a point de place de prédilection et que nous étions tous égaux, cela est vrai. Cependant, le magistrat élu par le peuple, me dira-t-on, a dans ces assemblées une place marquée et il doit y être respecté ? Oui, et il le faut ainsi, car s'il était troublé dans ses fonctions, le peuple qui l'a élu détruirait lui-même son ouvrage ; mais ce qu'il y a de bien pour ces places, c'est qu'elles sont amovibles.

Citoyens, nous dédions ce temple à la Raison ; il faut bien nous convaincre que pour qu'elle vienne à notre secours, il faut que nous fassions tout ce qui est en notre pouvoir pour qu'elle réside toujours au milieu de nous. O toi, déesse chérie et bienfaisante, écoute ma prière, je poste jusqu'en 1799, époque où il rentra dans la vie privée.

Après le décès de M. Thomassin, maire de Trie, arrivé en 1809, la commune fut administrée par M. Poilleu, conseiller de Préfecture de l'Oise, qui céda, en 1810, cette charge à M. Pellevilain, alors âgé de 74 ans.

Notre dévoué concitoyen eut alors pour adjoint M. Jean-François Louvet, lequel remplissait déjà ces fonctions depuis 1807. Ils étaient tous les deux à la tête de l'Administration municipale de Trie lors des invasions de 1814 et de 1815.

Nul n'ignore les charges et les vexations qui pesèrent alors sur notre malheureux pays, et la tâche de MM. Pellevilain et Louvet fut très lourde ; ils n'y faillirent pas cependant et discutèrent bien souvent avec l'ennemi les contributions imposées.

M. Pellevilain ne survécut pas longtemps aux malheurs de la Patrie ; il mourut le 30 octobre 1816, âgé de 80 ans, et laissa une mémoire regrettée. Tous les habitants de Trie se firent un devoir de l'accompagner jusqu'à sa dernière demeure.

te la fais au nom de cette assemblée, viens toujours présider un peuple qui a recouvré ses droits, et que ton flambeau nous éclaire pour contempler l'Être suprême et lui rendre tous les respects et hommages qui lui sont dus.

CAFFIN Julien, *maire*. — FITAN. — LARUELLE, *officier*. — P. HOUGUENADE. — JOSSET. — MAYEUR. — COLLIN, *officier*. — TARDU. — ROTANGER, *agent national*. — CORNU.

ANALYSE

DES EAUX

ALKALINO - MARTIALES

DE

TRYE - LE - CHATEAU,

AVEC L'EXPOSITION DE LEURS PROPRIÉTÉS;

Faite par M. FOURCY, ancien Apothicaire Major des Camps & Armées du Roi, fous les yeux de M. RAULIN, Médecin ordinaire du Roi, Cenfeur Royal, Infpecteur Général des Eaux Minérales du Royaume, de la Société Royale de Londres, des Académies des Belles-Lettres, Sciences & Arts de Berlin, de Bordeaux, &c. &c. Publiée par M. PELVILAIN, Propriétaire de ces Eaux Minérales.

A AMSTERDAM;

Et fe trouve A PARIS,

Chez J. FR. VALADE, Libraire, rue Saint-Jacques.

M. DCC. LXXIX.

Repudiat chemia nimium veloces ingenio ad præ-
cipites gnomas formandas ; patientes laborum, atque
varios experimentorum eventus prius sollicite compa-
rantes inter se amat, suisque donat prœmiis. BOERRH.
Elem. Chem. Tome I, *Edit. Basil.* pag. 66o.

A

SON ALTESSE

SÉRÉNISSIME

MONSEIGNEUR

LE

PRINCE DE CONTI,

PRINCE DU SANG.

MONSEIGNEUR,

SOUFFREZ que je présente à VOTRE ALTESSE *SÉRÉNISSIME, l'Analyse des Eaux Minérales de Trye-le-Château. Leur vertu, jusqu'à ce jour, n'a été connue que dans les Pays circonvoisins. Les Sentiments de bienfaisance qui caractérisent* VOTRE ALTESSE SÉRÉ-*NISSIME, l'ont portée à m'en accorder la propriété, dans la vue qu'elles pourroient être d'une utilité plus générale. J'ai rempli cet objet important, selon les désirs de* Votre Altesse Sérénissime ; *j'ai rassemblé, dans un Traité particulier, les principes qui minéralisent ces Eaux ; j'en donne les propriétés d'après les Expériences et les Observations d'un Savant, occupé depuis long-temps, par ordre du Gouvernement*, à des recherches nécessaires pour faire connoître de plus en plus les Eaux Minérales du Royaume, et pour les rendre plus généralement utiles. Si* Votre Altesse Sérénissime *daigne agréer l'hommage que je lui fais de la découverte de ce don précieux de la Nature, Elle en décidera tous les avantages en faveur de l'humanité souffrante.*

Je suis avec le plus profond respect,

MONSEIGNEUR,

De Votre Altesse Sérénissime,

Le très-humble et très-
obéissant Serviteur,
Pelvilain.

(*) M. Raulin, Médecin du Roi.

ANALYSE
DES EAUX
ALKALINO-MARTIALES
DE
TRYE-LE-CHATEAU,
AVEC L'EXPOSITION
DE LEURS PROPRIÉTÉS.

Trye-le-Chateau est situé dans le Vexin François : c'est un petit Bourg, chef-lieu du Comté du même nom ; il appartient à S. A. S. Monseigneur le Prince de Conti. Ce Bourg, qui consiste en un grand Château et quelques maisons bourgeoises [1], est mouillé par la riviere de Trouaine [2], qui coule le

---

(1) Ces quelques maisons bourgeoises étaient en partie possédées par d'anciens officiers du 13e régiment de dragons, qui s'appelait alors Dragons de Conti.

(2) Troëne, et non Trouaine.

long du Bourg. Ce Bourg est ombragé par de belles avenues d'arbres de haute futaie [1] ; un beau tapis de gazon en augmente la fraîcheur et les agrémens. Du côté du midi, s'élève une montagne couverte de bois, qui se prolonge vers l'est à perte de vue, et y forme un aspect agréable, par les différences variées qu'elle présente à la vue de distance en distance.

Trye-le-Château n'est éloigné de Paris que de quinze lieues ; il est situé à une demi-lieue de Gisors, et à une petite lieue de Chaumont ; il est percé dans toute sa longueur, par une grande route qui communique avec les provinces de Bretagne, de Normandie, de Picardie, d'Artois, etc.

Les Fontaines minérales sont séparées du Bourg par la riviere : la ville de Gisors en est si près, que douze ou quinze minutes suffisent pour aller de l'une à l'autre, d'autant mieux que la route en est neuve, et des plus belles du Royaume. La proximité de ces deux Villes, sur-tout de celle de Gisors, qu'on peut considérer comme touchant aux Fontaines, procure aux malades, qui vont prendre des eaux sur les lieux, des agrémens propres au rétablissement de leur santé, et toutes les commodités nécessaires à la vie. Il part de Paris, les Vendredis de chaque semaine, un carrosse bien suspendu, qui, dans le même jour, rend le voyageur à Trye. Il part aussi de la Capitale, tous les Mercredis, une petite voiture pour Chaumont, qui, dans le même jour, traverse le Bourg de Trye. [2]

[1] Ces avenues partaient du château et se dirigeaient vers les bois.
[2] Tous ces moyens de locomotion étaient déjà du progrès au siècle dernier. Que diraient nos pères s'ils voyaient ceux que nous possédons aujourd'hui ?

Toutes ces facilités rendent l'emplacement des Eaux Minérales de Trye-le-Château des plus agréables et des plus commodes que l'on puisse trouver à portée de la Capitale et des Provinces auxquelles les grandes routes de Trye aboutissent.

Les Eaux Minérales de Trye sont fournies par deux sources très-abondantes : elles sourdent par le fond de deux Fontaines bâties en pierre, situées chacune dans une petite prairie ; l'une et l'autre ne sont éloignées du Bourg, que d'une portée de fusil. L'une est du côté de l'est, et l'autre est située vers l'ouest : celle-ci n'est séparée de la première que par un chemin. On nomme la première, *la fontaine de Conti,* et l'autre, celle de *Bourbon.*

Ces deux sources contiennent les mêmes substances minérales ; elles ne diffèrent en principes, qu'en ce que celle de Conti est plus ferrugineuse que celle de Bourbon, et que celle-ci est plus saline que celle de Conti. Le bassin de celle de Conti, qui est la plus abondante, a quinze ou seize pieds de circonférence ; huit ou neuf pieds font la circonférence du bassin de celle de Bourbon.

Les Eaux de ces deux fontaines sont froides, claires et limpides, et toujours également abondantes ; le mauvais temps ne les trouble jamais, et les plus grandes chaleurs n'y causent point de diminution. Ces Eaux Minérales peuvent être transportées au loin, sans perdre de leurs vertus : elles se conservent pendant plusieurs mois, sans éprouver d'altération sensible : elles n'y perdent pas de leurs qualités, quoiqu'il

2

se forme dans le fond des bouteilles, où elles séjour-
nent, un léger dépôt d'une poudre fine, en très-petite
quantité, qui adhere et qui tient assez fortement au
verre. Ce dépôt se forme dans quinze jours, et ensuite
il ne paroît plus augmenter de volume.

EXPÉRIENCES

ANALYTIQUES,

FAITES sur les Eaux Minérales de Trye-le-Château, pendant le mois de Mai de l'année 1778.

1º. QUELQUES gouttes d'huile de tartre par défaillance, versées dans un verre d'Eau Minérale de Trye-le-Château, ne produisent aucun changement ni dépôt, et la liqueur reste aussi limpide qu'auparavant.

2º. La même Expérience étant faite avec l'alkali volatil fluor, les résultats sont les mêmes. On doit inférer de ces deux Expériences, que les substances qui sont en dissolution dans cette Eau Minérale, sont en très-petite quantité, et que leur dissolution est entretenue par la réaction que les alkalis font sur elles.

3º. Quelques gouttes d'une solution nitreuse mercurielle, versées dans un verre d'Eau, l'ont rendue un peu louche, et lui ont donné une foible couleur d'opale ; à peine s'est-il formé de dépôt.

Cette expérience prouve que les substances dont cette Eau est minéralisée, ne sont point tenues en dissolution par l'acide vitriolique.

4°. Un peu de teinture de tournesol, ajoutée à un verre de cette Eau, ne l'a pas faite passer au rouge ; ce qui indique que l'acide n'est pas prédominant.

5°. Le sirop de violettes, versé dans l'Eau Minérale, a conservé sa couleur bleue ; ce qui prouve la parfaite neutralité entre l'acide et les substances en dissolution

6°. De la poudre de noix de galles, répandue dans un verre d'Eau Minérale, n'y a occasionné aucun changement en pourpre. Lorsque cette poudre a été précipitée au fond de l'eau, il s'est formé à la superficie, un cercle couleur d'ardoise, et une pellicule irisée à sa surface.

Cette Expérience, faite à la source, fait prendre à l'eau une couleur purpurine ; ce qui prouve qu'elle n'a perdu cette propriété, que par la soustraction d'un peu d'acide surabondant.

7°. Quelques gouttes d'alkali prussien, versées dans un verre de cette eau, n'y ont occasionné aucun changement.

8°. Quelques gouttes de la liqueur teignante de Meyer, n'y ont pas produit d'autre effet.

9°. Cinq gouttes d'esprit de vitriol, mêlées dans un verre d'eau, et autant d'alkali prussien, lui ont fait prendre une couleur bleue, qui s'est éclaircie en déposant un peu de bleu de Prusse.

La même chose est arrivée à la liqueur teignante de Meyer.

10°. Un peu d'essence de savon ayant été étendue dans un verre d'eau, le savon ne s'est pas cailleboté; ce qui prouve que l'acide a pour base une autre substance qu'une terre absorbante : on aura occasion de faire des recherches sur la nature de cette base.

11°. Deux livres d'eau minérale, évaporées à une douce chaleur de bain de sable, dans une capsule de verre, ont donné un résidu pesant quatre grains; ce résidu a fait effervescence avec les acides : il a été employé dix-huit grains d'acide nitreux pour saturer ce résidu. On doit conclure de cette Expérience, qu'il s'est échappé, pendant l'évaporation, un acide proportionné à la quantité de celui qui a été employé pour la parfaite saturation.

Cet acide de l'eau minérale, précipite une dissolution nitreuse mercurielle en blanc : de-là on peut inférer que cet acide est analogue à celui du sel marin, mais qu'il est beaucoup plus volatil; ce qui l'a fait nommer par M. Sage, *acide marin volatil,* connu par quelques Néologues, sous le nom d'*air fixe.*

12°. On a ajusté à une cornue de verre, qui contenoit deux livres d'eau minérale, un récipient enduit d'huile de tartre. Après avoir lutté exactement les jointures, il a été procédé à la distillation par une chaleur très-douce. On a promené quatre onces de la liqueur distillée dans un récipient, et l'ayant versée dans un verre, on y a répandu quelques gouttes d'une dissolution mercurielle nitreuse ; par ce mêlange, la liqueur a pris une couleur opale, et il s'est formé un peu de précipité.

13°. La même Expérience a été réitérée ; mais au lieu d'huile de tartre, on a mis une once de teinture de tournesol dans le récipient, qui a passé au rouge ; ce qui prouve que l'acide s'est dégagé des substances avec lesquelles il étoit uni : dans cet état libre, il a pris sur la teinture de tournesol, et l'a colorée en rouge.

14°. Dans quatre livres d'eau minérale, on a versé trente-six gouttes d'esprit de vitriol, et le tout a été évaporé dans une capsule de verre. Dans une demi-once de la liqueur restante, il s'est crystallisé du sel de Glauber en petites aiguilles, très-reconnoissable par son goût amer et par la figure de ses crystaux. Après avoir décanté la liqueur de dessus les crystaux, et avoir exposé la capsule à l'air libre, ces petits crystaux se sont effleuris ; ce qui prouve manifestement que la base de l'eau de Trye-le-Château est du *Natrum,* comme on a dû le présumer d'après l'expérience 10°. On doit conclure de toutes ces expériences, que les Eaux Minérales de Trye-le-Château contiennent un peu d'alkali minéral, uni à un peu d'acide marin volatil, une substance martiale combinée avec le même

acide, et un peu de terre qui se dépose par l'évaporation, et qu'on ne peut parvenir à redissoudre par
aucun acide.

Il résulte de ces expériences, que les Eaux Minérales
de Trye-le-Château contiennent une portion ferrugineuse intimément combinée avec le *Natrum ;* que le
fer y est dissous par un acide ; que par conséquent il
doit y être considéré sous un état absolument salin,
et que, par la combinaison de leurs principes, ces
Eaux peuvent être comparées avec la teinture martiale.
de Stahl.

Ferrum, dit Boerrhaave, *quod videtur inter cætera
metalla plus accedere ad terram vegetantium anima-
liumque, proxime quoque animalibus et vegetantibus,
admittitur, atque utrumque etiam in iisdem forte
digeri posse videtur unde etiam in homine præstantem
largitur, et sine noxa medelam ; dum cætera metalla
violentius agunt* *.

Le fer, dans quelque état qu'on le suppose, est
toujours associé avec une portion de zinc ; et pour
s'en assurer, on n'a qu'à le dissoudre dans un acide
qui ait un rapport égal avec le zinc ; comme, par
exemple, le réduire en vitriol martial : cette combinaison de l'acide vitriolique avec le fer, peut être
décomposée par la simple action du feu, qui volatilise
l'acide vitriolique, et réduit la substance martiale en
colchotar ; mais il n'en est pas de même de cet acide
avec le zinc, qui résiste au feu. Après la calcination,
on retrouve cette combinaison en entier dans la lessive
du colchotar.

* BOERRH. *Element. Chemi.* Tome I, *Editio Basil.* page 663.

Parmi les résidus de ces Eaux Minérales, j'ai examiné un dépôt ferrugineux par l'acide vitriolique et la calcination. Le colchotar de ce vitriol bien calciné et lessivé, n'a pas produit un atome de vitriol de zinc.

D'où on doit conclure que l'acide qui tient le fer en dissolution dans les Eaux Minérales ferrugineuses, n'a point d'action sur le zinc, et que c'est peut-être le seul moyen d'avoir le fer dans le plus grand degré de pureté possible. Cette doctrine ne contredit en aucune manière celle qui a été établie dans le parallèle des Eaux Minérales, etc.

En général, on ne connoît pas assez le rapport des acides avec les métaux ; il n'y a peut-être pas de moyen plus sûr que le précédent, pour séparer les métaux de leur mélange réciproque, c'est-à-dire, de leur alliage : nous en avons un exemple frappant dans l'argent.

Il n'y a pas de Chymiste qui ne se soit aperçu de l'insuffisance de la coupelle pour purifier l'argent de la portion de cuivre qu'il contient, puisqu'en faisant crystalliser une dissolution d'argent de coupelle dans l'acide nitreux, il reste dans l'eau mere une dissolution de cuivre qui n'a pas la propriété de se crystalliser.

Les Médecins s'aperçoivent tous les jours que les préparations de fer donnent plus ou moins de nausées, selon la délicatesse des malades. Il y a tout lieu d'attribuer cette qualité nauséabonde à la propriété émétique du zinc contenu dans le fer.

Le fer ne passe pas dans la masse du sang par la voie des digestions, selon que *M. Raulin* l'a démontré dans le Traité analytique des Eaux Minérales, et dans d'autres Ouvrages; de même le zinc ne fait qu'agir sur les houpes nerveuses de l'estomac et du canal intestinal, selon le plus ou le moins de sa qualité : c'est pourquoi il est des Eaux Minérales ferrugineuses, dont il ne faut faire usage qu'avec précaution, par rapport à la trop grande quantité de fer et de zinc dont elles sont imbues, telles que celles de Spa, etc. Voyez le parallele.

Les Artificiers préferent la fonte réduite en limaille; et les Médecins prescrivent la limaille d'acier les premiers, parce qu'il y a plus de zinc dans la fonte, et que les fusées produisent une flamme plus brillante; et les derniers, parce que l'acier contient de ce métal le moins possible : cependant il n'en est jamais totalement privé, puisque la limaille de zinc est attirée par l'aimant, de même que celle de l'acier.

J'ai examiné le fer depuis la fonte jusqu'à l'acier, par la fonte vitriolique, la calcination et la lessive du colchotar; et j'ai remarqué que le fer, dans ces différents états, a toujours fourni plus de vitriol de zinc avec la fonte qu'avec l'acier.

D'après ces Expériences, les Chymistes doivent conclure que les Eaux Minérales de Trye-le-Château, par rapport à l'alkali minéral qu'elles contiennent, sont fondantes, et que le fer doit leur donner nécessairement une vertu désopilative. C'est par l'observation, guidée par les lumières de la Médecine, qu'on en constatera les effets et les avantages qu'on peut en retirer.

Le Public, justement prévenu en faveur des Eaux Minérales de Trye-le-Château, en jugeant de leurs qualités dans les maladies, par celles dont on guérit tous les jours par leur usage, y a recours avec la plus grande confiance dans les dérangemens de l'ordre des digestions, dans les engorgemens et les obstructions des visceres du bas ventre, dans les fievres intermittentes, dans les affections nerveuses et hypocondriaques ; elles préviennent les engorgemens d'un sang hémorroïdal dans les visceres, et les cruels symptômes qui en sont les suites ; elles retablissent les hémorroïdes et les regles supprimées ; elles remédient aux pertes de l'une et l'autre espèce, lorsqu'elles sont occasionnées par des engorgemens et des obstructions ; elles sont un remede souverain dans les pâles couleurs, dans la cacochymie, de l'un et de l'autre sexe, dans les pertes blanches, etc.

On donnera tous les ans des observations sur les effets que les Eaux de Trye-le-Château auront produit dans les maladies, afin que le Public leur donne de plus en plus la confiance qu'elles méritent, et qu'elles deviennent plus généralement utiles à l'humanité souffrante.

Les Eaux Minérales de Trye-le-Château supportent le transport sans se décomposer. On l'a déjà observé ; elles conservent leurs propriétés pendant plusieurs mois, sans éprouver d'altération sensible. On peut en faire usage dans tous les temps de l'année, lorsqu'elles sont transportées. On les prend à la source dans les deux saisons ordinaires ; leur dose est de deux livres jusqu'à quatre : on se prépare à leur usage par les mêmes précautions que l'on prend pour celui des autres Eaux Minérales : on observe le même régime de vie, et l'on doit se gouverner en tout, avant, pendant qu'on les prend, et après qu'on les a prises, d'après les conseils des Maîtres dans l'Art de guérir.

Si l'on considère les Eaux de Trie-le-Château, d'après les principes qui les minéralisent, d'après leur analogie avec d'autres eaux qui sont imbues des mêmes principes, et d'après les observations des gens de l'Art, on ne peut leur refuser des qualités toniques, apéritives, et propres sur-tout à neutraliser les acides des premieres voies. Elles sont de nature à diviser et dissoudre les glutinosités des premieres voies, à préserver des fâcheuses incommodités qui en sont ordinairement les suites. Elles conviennent principalement dans les embarras des voies urinaires, lorsqu'ils sont chroniques ou accidentels, pourvu qu'ils ne soient point inflammatoires. Les Eaux de Trye rétablissent l'ordre des sécrétions et des excrétions, lorsque ces évacuations sont retardées ou supprimées. Elles sont principalement stomachiques ; elles préviennent et remédient aux accidens qui dépendent de la lésion des organes de la digestion ; tels sont la migraine, les rots, les hoquets, les borborigsmes, etc. Elles sont essentielles dans les affections mélancholiques et vaporeuses, dans les coliques néphrétiques, biliéuses et venteuses, etc.

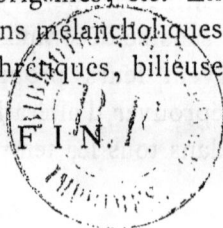

FIN.

Etablissement Thermal de Trie-Château en 1778
Copie du Plan Original

Plan.

de deux Sources ou Fontaines
sises à Trie-Château près les
Moulins à Blé

La 1re dans la Pature des dits Moulins.
La 2me dans le Pré aux Bœufs.

TRIE.

Légende.

1. Pature des Moulins.
2. Le Pré aux Bœufs.
3. Rue des Moulins.
4. Les Moulins.
5. Mon et héritage de St Denis.
6. Bacquel.
7. Les Annonciades de Gisors.
8. La Rivière de Troësne.
9. Fossé de décharge de la Rivière
10. Source avec sa décharge à accuser l'emplacement de la source de 18 pieds de diamètre et la largeur du ruisseau et décharge de 6 pieds.
11. id, l'art. 10.
12. Décharge non accusée.

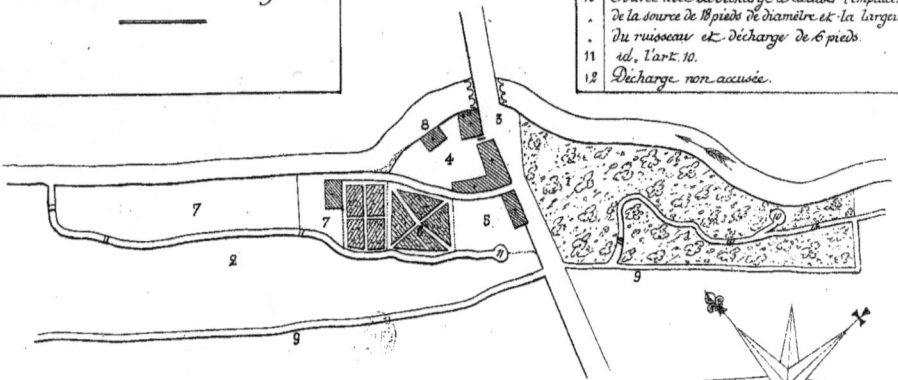

Echelle de 25 perches. Mesure de 22 pieds.

Afforest Plan del.

Imp. Monrocq Paris.

PIÈCE JUSTIFICATIVE [1]

Par devant les conseillers du Roi, notaires au Chatelet de Paris, soussignés,

Fut présent très-haut, très-puissant et très-excellent Prince Monseigneur Louis-François-Joseph de Bourbon, Prince de Conty, Prince du sang, demeurant à Paris, en son hotel, rue de Grenele, fauxbourg Saint-Germain, paroisse Saint-Sulpice,

Lequel a, par ces présentes, accenté à Henry-Nicolas-Noël Pelvilain, contrôleur des fermes du Roy, demeurant à Paris, rue Saint-Antoine, au coin de celle de Jouy, paroisse Saint-Gervais, à ce présent et acceptant acquéreur pour lui, ses héritiers et aiant cause,

Deux fontaines d'Eau minérale et leurs emplacemens, aiant chacune dix-huit pieds de diamètre, sises à *Trie-Château*, la première dans la pature des moulins à bled du dit Trie, et désignée au plan cy après annexé par le n° 10, et la seconde dans le Pré aux Bœufs et notée 11 au dit plan,

Plus les décharges des dites fontaines prises depuis leurs sources, savoir : pour celles notée 10, jusqu'à une autre décharge de la rivière de Trouene, notée 9 au dit plan, et pour la fontaine notée 11, jusqu'à la dite rivière de Trouene où elle se jette directement ; chacune desquelles décharges, traversant les dites patures et prés où sont leurs sources, ont six pieds de largeur dans toute leur longueur.

N'est point comprise au présent accensement la décharge

---

[1] Nous devons la publication de cet acte et du plan qui accompagne cette brochure à l'amabilité de MM. Cognet et Regnault, aujourd'hui propriétaires des eaux de Trie-Château.

numérotée 12 au dit plan que Sa dite A. S. et le dit sieur
Pelvilain ont fait dresser des dites sources et décharges, en
trois doubles originaux, l'un desquels est demeuré annexé
à la minutte des présentes. Le second a été remïs à Sa dite
A. S. et le troisième au dit sieur Pelvilain, après que les
dits plans ont été préalablement signés et paraphés de Sa
dite A. S. et du dit sieur Pelvilain, en présence des notaires
soussignés.

Pour que le dit sieur Pelvilain, ses héritiers et aiant
cause jouir des dites fontaines et décharges au dit titre, en
toute propriété, à compter de ce jour.

Ces présentes ainsi faites à la charge, par les sieurs Pelvilain de payer les droits Royaux et autres auxquels ces
présentes donneront ouverture. S. A. S. déclarant faire
remise au sieur Pelvilain, pour cette fois, et sans tirer à
conséquence pour l'avenir de ceux seigneuriaux auxquels
présentes lui donneront droit de prétendre.

Plus, d'indemniser les fermiers actuels des dites patures
et prés où sont situées les dites fontaines et leurs décharges,
dans le cas où ils prétendraient devoir l'être pour raison
des présentes, ou de prendre avec eux tels arrangements
que Sa dite A. S. ne soit et puisse être à jamais inquiétée
ni recherchée à cet égard. Plus, d'entretenir les dites fontaines et décharges à toujours en tel et si bon état que le
cens cy après y puisse être, chaque année, aisément pris et
perçu.

Et, en outre, ces présentes sont faites moyennant et à la
charge de deux boisseaux d'avoine de cens et redevance
seigneurialle, emportant lods et ventes, venterolles, saisine
et amende, et tous autres droits féodaux et seigneuriaux,
quand le cas y échet suivant la coutume, lesquels deux
boisseaux d'avoine le dit sieur Pelvilain promet et s'oblige
de livrer et fournir bons, loyaux et marchands à la mesure
de Chaumont au jour et fête de Saint-Martin d'hiver de
chaque année, dont la première année échéra et se paiera
à la Saint-Martin mil sept cent soixante dix neuf, de con-
dition des présentes, et ainsi continuer à l'avenir le paie-

ment du dit cens à la recette de Sa dite A. S., au dit Chaumont.

A la sureté et garantie duquel cens et des conditions cy dessus les dites fontaines et décharges et leurs emplacemens demeurent, par privilège, expressement réservés, affectés, obligés et hypothéqués, et, en outre, le dit sieur Pelvilain y affecté et hypothéqué tous ses autres biens présens et à venir, une hypothèque ne dérogeant à l'autre.

Le dit sieur Pelvilain et les siens auront la faculté d'aller à pied aux dites fontaines pour leur usage, par les chemins actuellement tracés.

Il est expressément convenu que le dit sieur Pelvilain et ses aiant cause feront reboucher, à leurs frais et sans repetition contre Sa dite A. S., toutes les nouvelles sources et crues d'eau de même qualité qui pourront se faire dans l'étendue des dites patures et prés, dans les domaines circonvoisins de Sa dite A. S.

Et pour faire insinuer ces présentes où besoin sera, en est donné tous pouvoirs au porteur et d'en requérir acte.

Et, pour l'exécution des présentes, Sa dite A. S. et le dit sieur Pelvilain ont élu domicile en leurs hotel et demeure sus dits, auxquels lieux, nonobstant, promettant, obligeant, renonceant, fait et passé à l'égard de Sa dite A. S. en son hotel, et du sieur Pelvilain en l'étude, l'an mil sept cent soixante dix huit, le douze Octobre, et ont signé la minute des présentes, demeurée à Me Gro, l'un des dits notaires soussignés.

Scellé le dit jour.

Averti du centième denier.

TRUTAI.   GRO.

Insinué au centième denier, à Chaumont, ce 4 juillet 1780. Reçu quatorze sols, ce jour, au droit en sus. Reçu dix sols, remise du sur plus sans tirer à conséquence.

VOTTUC.

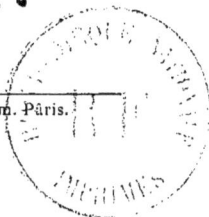

Un autre acte du 16 juillet 1781 concéda à nouveau 4 perches de terre au sieur Pellevilain. Il est approuvé par le prince de Conti de la manière suivante :

FAC-SIMILE

de l'écriture et de la signature de Mr le Prince de Bourbon-Conti.